聪明孩子

发明与发现

[德]安娜·克里斯汀 编著

贾小屿 译

无敌百科+知识拓展+趣味游戏

中国铁道出版社

CHINA RAILWAY PUBLISHING HOUSE

致小读者

　　小朋友们有没有问过自己下面的问题：谁发明了汽车发动机？谁发明了电脑？文字和数字是从哪里来的？谁发现了美洲？以前没有牙膏和牙刷的时候人们是怎么刷牙的？谁发明了指南针？谁发明了洗衣机？

　　在日常生活中，我们觉得许多东西都是理所当然的，就好像它们从一开始就存在了一样，直到一些聪明而又充满好奇心的人发明了这些我们认为理所当然的东西。许多发明和发现要追溯到很久很久以前，几百年前，甚至是几千年前，而有一些则是最新成果。"打破砂锅问到底"的精神和"对一切保持好奇"的心态是成为学者和发明家必须具备的条件。

　　德国著名的物理学家、诺贝尔奖得主阿尔伯特·爱因斯坦曾经这样评价自己："我并没有什么特别的天赋，只是充满了好奇心而已。"

　　请小朋友们也拿出自己的好奇心来，和我们一同去书中了解人类所经历的那些重大发明和发现吧！

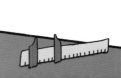

大家来找茬

　　小朋友们在上面的图片中可以看到两位举世闻名的科学家——阿尔伯特·爱因斯坦和玛丽亚·居里。两幅图片有8处不同，你们能找出来吗？

相互沟通

小朋友们能想象没有电话、电脑、图书、电视的生活吗？完全是令人绝望的！但是幸运的是，我们今天拥有这些东西。因为自从人类出现，他们就努力寻找机会和他人沟通、联系。

语言

如果没有语言，想向别人解释清楚自己的想法当然就会变得异常困难。婴儿就是如此，所以他们必须学习说话，当然必须有人给他们做示范才可以。但是人类最初是怎样学会说话的呢？

我们无法准确地确定语言是何时何地出现的。但是关于语言发展，如今却存在着不同的观点。我们的祖先也许最初只会像动物一样发出声响。非洲的原始语言约有10000多年的历史。语言发展进程中最重要的一步是直立行走，因为直立行走解放了我们祖先的双手，所以他们可以用手来画出符号，便于相互之间交流。

单词拼拼看

小狗奥斯卡酷爱徒步旅行。当你把下列字母按给定的顺序排列出来，你就会知道它在旅行中最害怕什么了。

答案：...

文字

在30000多年前，人们把图画在所居住的洞穴的墙壁上。通过壁画他们向后代讲述他们的经历。很长一段时间以后，从这些图画中演变出了文字符号的雏形。在大约6000年至4000年前，中国人发明了最早的文字符号。苏美尔人——古美索不达米亚（今天的伊拉克一带）的一个民族，

在大约5500年前发明了最早的图形文字。他们把各种物品的图形刻在陶土板上。从这种图形文字中逐渐演变出了所谓的楔形文字。

字母表

图形和符号逐渐演变成现在的字母表。第一个字母表出现在3300多年前的叙利亚。字母表中的每一个字母都代表一个音素，几个音素就可以构成一个单词。

你知道吗？

"字母表"一词从何而来？

我们大家都知道字母表，几乎所有的人也都学过字母表，但是它究竟是从哪里来的呢？字母表的英文单词"alphabet"拼写非常复杂。但希腊的小朋友们学习这一单词就非常简单，因为它是由希腊字母表中前两个字母的希腊文"alpha"和"beta"组合而成的。我们所使用的字母表中的字母就是从希腊字母演变而来的。

纸张

以前人们把字写在什么上面呢？答案是，最初在岩石的石壁上，然后是石头上、陶土板上、动物皮上，最后才出现了纸张。早在大约4000年前，古埃及人就发明了一种纸——也就是所谓的"莎草纸"。但真正的纸最早是出现在中国。公元100年左右，在中国就已经出现造纸技术了，当时人们在木材、秸秆、草、破布中加入水，把它们捣碎成浆糊造纸。

图书

后来人们写东西就越来越长了，并把它们记在连续的纸卷轴上。公元350年左右，希腊人和罗马人还依然使用这种卷轴。之后就出现了所谓的"手抄本"，这种书从中间对折装订。

你知道吗？

"书虫"一词从何来？

你喜欢读书吗？如果答案是肯定的，那么你就是个不折不扣的"书虫"了。这个词在18世纪就已经被大家用来形容那些热爱读书而且博览群书的人了，当然用的是引申含义。"书虫"一词的本意是指喜欢啃食干木材的甲壳虫幼虫，当它们进入人的家中后，也会钻到书中，啃食书本。所以当某人如饥似渴地扎入书堆中时，我们就会把"书虫"这个称号送给他了。

图书印刷

以前，欧洲人用羽毛笔蘸着墨水抄录图书，过程非常繁琐，因此图书价格昂贵。而如今，图书都是印刷而成的。那么图书到底是怎么印刷的呢？小朋友们见过土豆印章吗？就是把土豆从中间切开，然后在切面上刻上字或图案。只要蘸上颜料就可以把字或图案印在纸上了。几百年前的中国人就是用类似的方式进行印刷的，但是他们不是用土豆，而是用石头或木材，过程当然非常麻烦。

但在15世纪时，出现了转折：1455年，德国的金银工匠约翰·古登堡发明了一种可以将图文印在纸上的印刷机。这种印刷机的实用之处在于，印版是由单个可以移动的字块构成的，可以不断

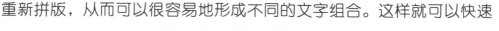

重新拼版，从而可以很容易地形成不同的文字组合。这样就可以快速印书了，书也开始走进大众的生活中，这样一来，越多越来的人才开始有机会读书。

大家来找茬

读书是一种美妙惬意的休闲方式。

上面的两幅图片有8处不同，小朋友们能找出来吗？

报纸

古登堡发明的印刷机也为报纸的发展铺平了道路。最早出现的是印有各种新闻的传单。1605年，在斯特拉斯堡（原德国城市，后归法国）街头上出现了世界上第一份周报——《通告报》（Relation）。

打字机

第一台可证实的打字机是由意大利人佩莱里尼·图里于1808年发明的。在接下来的几年中，相继出现了其他形式的打字机。美国人卡洛斯·格利登和克里斯多弗·肖尔斯在前人的基础上进行了深入研究，并于1874年试制出第一台新式打字机，之后就开始批量生产了。

你知道吗？

盲文是由一个年轻人发明的。广泛流传的盲文又叫"布莱尔文"，它是由一个16岁的法国少年路易·布莱尔于1825年创造出来的。在布莱尔还是个孩子的时候，他就失明了。失明后的他去了一家普通的乡村学校上学。但可惜的是，他无法像他的同学一样读书写字。这让他非常懊恼，所以他干脆发明了一种凸点构成的文字。盲人可以用手指感知凸点，拼识字母和单词。直到今天，盲文仍然被广泛使用。现在，人们甚至可以用特殊的键盘将盲文输入到打字机、电脑或手机上了。

信件

早在古希腊时期人们就开始写信了，当时信是装在袋子中传送的。信件主要是身份显赫的社会名流的专属品，普通老百姓几乎不写信，因为大部分人既不会读，也不会写。那时，鸽子也被当作信使。1490年，亚内托·冯·塔克西斯受马克西米利安一世委派，在奥地利

的因斯布鲁克和荷兰之间传送信件。塔克西斯家族由此开始负责接手邮局，他们用马车送信。邮政马车在当时（16世纪）每天要跑166千米。现在小朋友们要问了，谁来承担邮资呢？

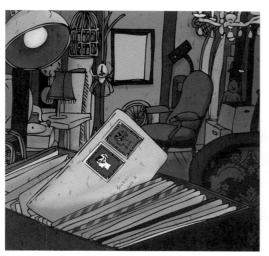

邮票的发明使邮资由寄信人而不是收信人支付成为现实。最早的邮票是1653年由巴黎市邮局发行的，就是简单的一张纸片。这种邮票还没有粘贴面，只能用夹子固定在信件上。1840年，英国推出了可以粘贴的邮票。邮票上印有维多利亚女王的肖像，底色为黑色，面值为一便士，所以也被收藏家们称为黑便士。

电报

如果我们着急通知某人某件事，那我们应该怎么做呢？1836年，美国发明家塞约尔·摩斯突然萌发了利用不同长度和间隔时间的电流信号以及光信号来拼写单词、传递信息的念头，也就是所谓的"摩斯电码"。举一个例子：国际上用于航海的紧急呼救信号"SOS"的摩尔斯电码是"…------…"，也就是三短、三长、三短。物理学家古列尔莫·马可尼发明了第一部无线电报。

塞约尔·摩斯和摩斯电码

摩斯电码之谜　　下面的电报里传递的是什么消息呢？我们可以借助摩斯电码来帮忙。

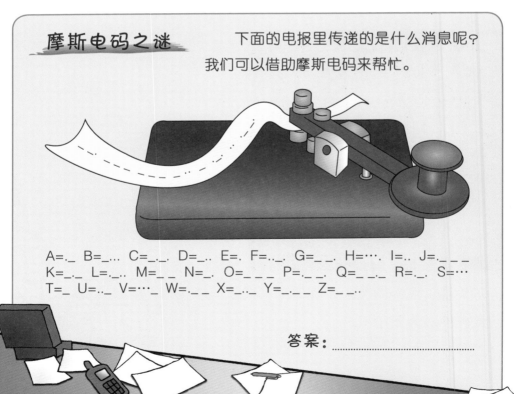

A=._ B=_... C=_._. D=_.. E=. F=.._. G=_ _. H=…. I=.. J=._ _ _
K=_._ L=._.. M=_ _ N=_. O=_ _ _ P=._ _. Q=_ _._ R=._. S=…
T=_ U=.._ V=…_ W=._ _ X=_.._ Y=_._ _ Z=_ _..

答案：.................................

电话

电报被许多人看作电话的前身。电话的真正发明者是德国小学教师约翰·菲利普·雷斯。1861年，他在一间教室中进行了第一次电话通话。但是他当时的想法还不够成熟，所以美国人亚历山大·贝尔被视为真正的"电话之父"。贝尔是聋哑学校的老师，所以他对所有和声音相关的一切都感兴趣。1876年，贝尔为电话申请了专利。很快，电话就广受欢迎，越来越多的人都想安装一部电话。1878年，美国康涅狄格联邦州建起了第一座电话交换站。如果想和他人通电话，就可以先呼叫交换站，然后由交换站的工作人员转接对方，这样就可以通话了。

你知道吗？

小朋友们对手机都不陌生吧，但你们对手机的历史又有多少了解呢？

1973年，摩托罗拉公司的技术员马丁·库帕发明了世界上第一部民用手机。这部手机重达两磅（约为0.9千克），看起来就像一个笨重的砖块儿，售价却要近4000美元，在当时绝对算得上是一件奢侈品了。经过了几十年的发展，如今手机小巧精致，售价便宜，功能越来越多，对我们生活的影响也越来越大了。

电影

人们都喜欢故事，特别是配有图片的故事。如今，我们可以用现代化的机器，比如投影仪（小朋友们在学校里一定见过），将图片投到墙上。但是你们恐怕不知道，人们早在差不多400年前就发现了投影仪的原理。1650年左右，荷兰物理学家克里斯蒂安·惠更斯发明了所谓的"魔幻之灯"

路易·卢米埃和阿古斯特·卢米埃

（拉丁语为Laterna Magica）——最早的投影装置。人们将图画在玻璃片上，然后借助烛光将图片投影到银幕上。很快人们发现，为了创造出动画的效果，必须快速投影多张图片，就好像手翻书一样。英国摄影师爱德沃德·迈布里奇是成功将多幅动物的照片连接成电影的第一人。在观众看来，片中的动物就像真的在奔跑一样。1891年，美国人托马斯·阿尔瓦·爱迪生为活动电影放映机申请了专利。人们只需要摇动机器的手柄，电影内容就会投过目镜投到银幕上。图片投影速度极快，我们在瞬间就可以看到多幅图片，所以就出现了一种动态的效果。第一部搬上银幕与大众见面的影片是由法国人路易·卢米埃和阿古斯特·卢米埃兄弟二人拍摄的，多名演员加盟了这部影片。之后，卢米埃兄弟发明了一种可以摄像和放映的机器，并开设了世界上第一家电影院。1927年，第一部有声电影在美国与观众见面。

排顺序，讲故事

下面图片的顺序乱了，小朋友们能帮帮奥斯卡吗？小朋友们还可以试着将图中的故事讲给爸爸妈妈听。

谢谢啦！

正确顺序：...................................

字母探秘

下面的字母中隐藏着6个英文单词，它们分别是BOOK（图书）、TELEVISION（电视）、FLIM（电影）、RADIO（收音机）、TELEPHONE（电话）和NEWSPAPER（报纸）。小朋友们能把它们全部找出来吗？小提示：可以横向、纵向或斜向寻找。

```
        Z T S Z E
        C E Z U L D I
        T L G Q F I J C G
      N E G C W I U A F N T
    E W E L Z Q Y L I L Z U E K D
    I O W E B T C M J I S T L I U
    N G S P Y       T I E C F
    C I P H D       Y E V B Q
    E I A O C       G Z I G G
    G Y P N L       V W S L H
    H D E E S R D E X G I H I V M
    O Z R N E O A V E L J W O Q S
        Y Q A R Z D B O O K N
        N U H N P I K O M
        C P T E G O K
        O Y U T N
```

唱片

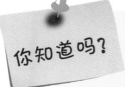

1877年，美国人托马斯·阿尔瓦·爱迪生发明了唱片机的前身——留声机。只是在爱迪生发明的留声机中，音乐不是刻在唱片上，而是刻在一个蜡质的圆筒上。圆筒边上刻有螺旋槽纹，槽纹上安装了可以振动的指针，这样就出现声音了。大约60年前，第一批塑料唱片进入市场。

CD和DVD

CD比以前那种硕大的唱片容量大多了，可以存储更多信息。30多年前，在柏林举办的一场无线电展上，CD首次亮相。很快CD就成为广受欢迎的存储媒介。但可惜的是，一张CD只能存储74分钟的音乐或视频，还不够播放一部标准长度的电影，在播放电影的过程中还需要更换CD。所以人们就开始研究如何扩大CD的存储量，于是就出现了DVD。2006年，DVD的"接班人"——蓝光DVD也问世了，它的存储量更大。

你知道吗？

CD的发明者菲利普斯最初将一张CD的播放时长定为60分钟，但当时索尼公司的社长大贺典雄请求程序员将播放时长延长到74分钟。原因很简单：大贺典雄是古典音乐的铁杆粉丝，他希望一张CD能容纳他最喜欢的曲目之———贝多芬的《第九交响曲》，而这首曲子的时长恰好是74分钟。

收音机

1906年，音乐和声音首次通过电台传送。圣诞前夜，美国人雷吉纳德·费森登制作了首段广播节目，他演奏了一段音乐并朗诵了一段圣经。他的节目也首次实现了远距离的传送和接收。在收音机的发明过程中，德国物理学家海因里希·赫兹发挥了非常重要的作用，因为他证实了无线电波的存在。无线电波是一种在电学反应中出现的、可以迅速发散的电磁波。但是仅有无线电波是远远不够的，只有借助天线，才可以重新收到无线电波，然后才可以转化成声音。

软线迷宫

施密特先生被搞糊涂啦！他必须把延长软线的插座接在插头上才能看电视，是A、B、C，还是D呢？

电视机

　　如今，有大量电视节目可供选择，但是以前可不是这样的。1897年，德国科学家费迪南德·布劳恩发现了电子管（也被称为"布劳恩管"），这为电视机的发明奠定了基础。最早的电视节目是由苏格兰工程师约翰·洛吉·贝尔德于1925年制作出来的。最早的电视影像是黑白的，也不是非常清楚。另外，当时的电视屏幕只有邮政卡片那么大。之后几乎再也没有出现过使用布劳恩管的电视机了。如今，平板电视是按照其他原理工作的。荧光灯管投射出光源，这些光再经过偏光板及液晶就形成了各种颜色。

电脑

电脑，又叫计算机，是一种借助特定程序处理数据的现代化机器。戈特弗里德·威廉·莱布尼茨在340多年前发明的计算机为电脑的发明奠定了基础。这种机器当时就已经可以进行四则运算了。打卡机的出现将电脑的发明又向前推进了一步。借助这种机器，我们可以存储数据。德国工程师康拉德·楚泽是最著名的电脑研发者之一。他于1941年发明了世界上第一台可以自主编程的电脑——Z3。当时的电脑还是一个庞然大物，能占满一间房子，而它实际的工作能力才相当于我们今天所使用的小型计算器。

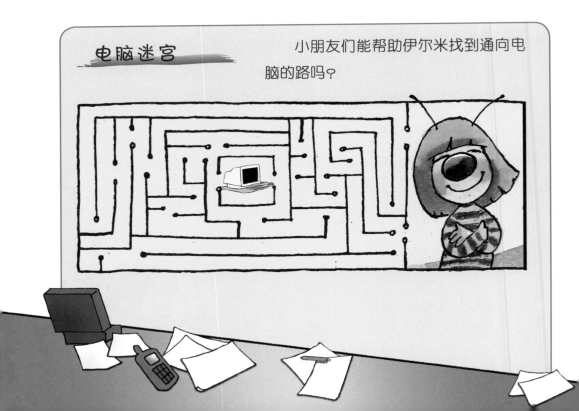

电脑迷宫

小朋友们能帮助伊尔米找到通向电脑的路吗？

互联网

如今，我们根本就无法想象没有互联网的生活是什么样子的。我们用搜索引擎搜索信息，通过网络来了解世界，和朋友聊天。但是最初我们都不敢想象网络是什么东西。今天的互联网是1969年从一个军事项目中发展出来的。当时，美国的一个军事机构想借助计算机网络将美国的大学以及研究机构连在一起。

之后，人们不断对互联网进行研发和扩建。互联网就像蜘蛛网一样越来越大，遍及世界各个角落。互联网将越来越多的人连接在一起，也方便了数据与信息的交换，比如通过电子邮件，这是1970年前后推出的一项功能。如今我们大家能够在互联网上享受"网上冲浪"的乐趣，这还要感谢英国科学家蒂姆·伯纳斯·李。他在20多年前成功开发出世界上第一台Web服务器和Web客户机。

能源与力

　　现在，我们的生活非常舒适，这一切首先要归功于我们使用的能源。天黑的时候，我们会开灯；天冷的时候，我们会拧开暖气。但是在以前，所有的这一切并不是那么容易，当时的人们只能依靠大自然的力量。

火与阳光

　　小朋友们曾经围坐在篝火前吗？那种感觉真是好极了，温暖又舒适。几百万年前的人们也有同感。但是早期的人类没有火柴，也没有打火机来点火，他们只能依靠自然的力量。当时，只有闪电劈到干柴上，才会出现火。后来，人们发现，相互敲打石块儿或是摩擦木头时，也会产生火花。

　　太阳是最重要的能源来源之一。太阳不仅能够给我们提供舒适的温度，也为植物生长提供了能量。很久以前，人们就已经开始利用太阳获取能源了。在古埃及和古希腊，人们利用凹面镜和水晶来点火。古希腊时的奥运之火就是用放大镜点燃的。

　　除此之外，据说中国人还发现了如何用粉末点火。很久以前，中国就有火柴了。中国人也被视为世界上最早的烟火大师。

水轮

最早的水轮出现在大约3000年前的美索不达米亚，也就是现在的叙利亚、伊朗和土耳其之间。早在2000多年前，古罗马人和古希腊人就已经开始借助水的力量来磨粮食了。

俗语解读

德语里有句俗语叫"Wer zuerst kommt, mahlt zuerst"，意思是"先来者有优先权"。这句俗语中的"mahlt"一词是"磨面"的意思，因为这一俗语和磨坊确有关系，可能源于中世纪。当时，农民必须带着粮食到磨坊门口排队。谁先到，谁就自然可以第一个磨粮食了。

风磨

不仅水被用来磨粮食，风也是如此。在大约2000年前，波斯人就已经开始使用风磨加工粮食了。风磨是由轮子和固定在石头磨盘上的布帆组成的。

大家来找茬

下面的两幅图片有6处不同，小朋友们能找出来吗？

气压

　　气压的发现者是大科学家伽利略·伽利雷的学生。1630年，举世闻名的意大利自然科学家伽利略在水井旁发现，通过水泵可以将井水抽到一定的高度（大约10米），这一问题引起了他的关注。他的学生拖里拆利也参与到这一现象的研究中来，并发明了第一支简易的气压计。1654年，德国自然科学家奥托·冯·居里克通过马德堡半球实验证实了气压的存在。在实验中，他将两个半球合在一起，然后借助特殊的气泵把半球中的空气抽空。此时，两个半球紧紧压在了一起，无法分离。通过这个实验，居里克证实了，将球内的空气抽空后，球外的大气压紧紧压住了这两个半球。

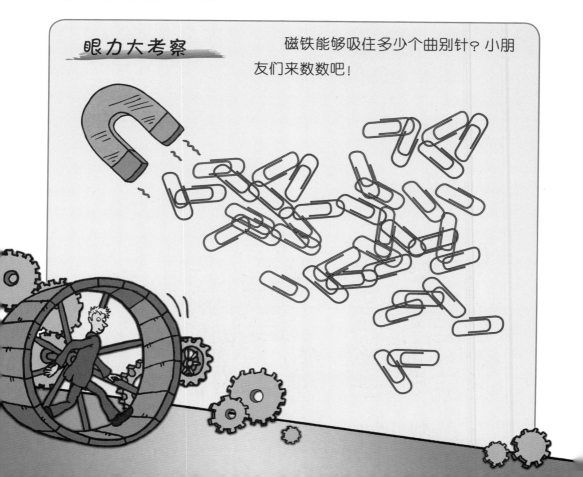

眼力大考察

磁铁能够吸住多少个曲别针？小朋友们来数数吧！

万有引力

当我们还是小孩子的时候，父母经常会把我们抛到空中，然后再接住我们，否则我们就会摔倒地上。但是我们是否问过自己：为什么会这样呢？也许小朋友已经对万有引力有所耳闻了。万有引力的作用很多，比如能够确保我们不会飞离地面，因为我们被万有引力所吸引，同样我们也一样吸引着地球。月球也一样吸引着地球，同时也被地球所吸引，所以月球就一直不停地围绕地球旋转。英国天文学家、物理学家艾萨克·牛顿爵士首次发现万有引力定律，并于大约320年前发表了相关论文。所有的这一切都源于一个苹果。当时牛顿正在苹果树下打盹儿，突然一个苹果掉下来落在了他的头上，这引起了牛顿的思考：是否存在一种力量将天体固定在宇宙中特定的位置上？

蒸汽机

詹姆斯·瓦特

　　1698年，英国建筑工程师托马斯·塞维利发明了蒸汽驱动的抽水泵，并申请了专利。这种抽水泵用来抽取被水淹没的矿井中的水。1712年，五金商人托马斯·纽科门造了一台带有活塞的水泵，这样一来水泵的工作效率就更高了。1765年，苏格兰机械师詹姆斯·瓦特成功改进了蒸汽机。他在原有的基础上额外增加了一个冷凝器，使气缸（引导活塞在其中运动的圆筒）的温度不会继续升高，可以冷却下来。这样就可以节约大量能源，增加机器的动力。除此之外，他还改造了活塞，使活塞可以双向运动。改良后的蒸汽机很快就作为工厂机器和机动车的驱动器推广开来了。

蒸汽轮船

　　蒸汽机的发明对船舶业产生了重大影响。

1783年，法国人打造出第一艘功能完备的蒸汽轮船。但蒸汽轮船真正的创始人是美国人罗伯特·富尔顿。1807年，他驾驶他的"克莱蒙特号"——第一艘海上行驶的蒸汽轮船，从奥尔巴尼开往纽约。

电

自然界中处处都存在电。大自然中广为人知的带电现象是闪电。很长时间以来，人们都认为闪电是上帝用来惩罚人类的手段。直到18世纪，人们才发现个中缘由。1752年，美国人本杰明·富兰克林通过实验证明闪电中

带有电子。在实验中，他将一把金属钥匙绑在风筝线的末端。万事俱备，只欠东风，现在就只差闪电出现了。一切就绪后，富兰克林和他的儿子就开始在草地上放风筝了。闪电沿着潮湿的风筝线向下传导，聚集在风筝线末端的钥匙上，结果出现了火花。通过实验富兰克林证明了，闪电实际上就是由大量看

不见的电子构成的。除此之外，他在实验中还发现了电流导体的存在。富兰克林不仅是发明家，还是美利坚合众国的创立者之一。直到今天，我们还可以在100美元的纸钞上看到富兰克林的形象。

电池

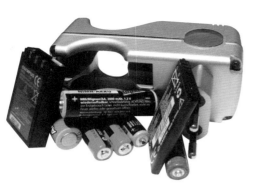

科学家们想方设法储存电流，以供家用电器使用。1800年，意大利人亚历山德罗·伏特发明了第一块电池。为了纪念他，后人把电压的单位定为"伏特"。

灯泡

1879年，人类终于迎来的"光明"，具体来说，是美国人托马斯·阿尔瓦·爱迪生给人类带来了"光明"，我们会在本书的后半部分向小朋友们仔细介绍他。爱迪生研制出了第一枚可以使用的灯泡。在他之前已经有其他发明家做过类似尝试，因为原理大家众所周知：通过一根金属丝就可以导入电流，这样一来金属丝会立刻发

热升温，然后发光。经过多年研究和无数实验，爱迪生在1881年的巴黎国际电学产品展览会上向激动的公众展示了他的发明。

公共供电

如果没有电流，灯泡就一无所用了，所以托马斯·阿尔瓦·爱迪生决定，建立公共供电网络。1882年，他在纽约成立的第一所中央电厂投入使用，之后电流就走进了千家万户。

插头迷宫

还有比下雨天舒舒服服窝在沙发中看书打发时间更美好的事吗？当然，奥斯卡还需要一盏灯。我们把几号插头插到插座里落地灯才会亮呢？

放射性元素

　　自然界中的所有物质都是由不同的基本元素，也就是所谓的原子构成的。有一些原子并不像其他原子一样稳定：它们在自身或其他辅助作用下会分裂成多个部分，在这一过程中会出现其他一些更稳定的原子。在裂变的过程中会产生热量和我们称之为射线的东西。放射性元素是由法国物理学家安东尼·亨利·贝克勒尔于1896年借助铀发现的，所以后人把测量放射性活度的单位定为"贝克勒尔"（Bq）。但在放射性元素研究领域真正著名的是法国物理学家居里夫妇——玛丽·居里和皮埃尔·居里。

原子之谜

下面哪一个原子模型和其他3个不同？

A

B

C

D

核能

　　小朋友们一定知道，我们所使用的电很大一部分都是来自核电厂。在那里，技术人员通过人工方法使原子核发生裂变，原子核在裂变的过程中就释放出许多能量。这些能量可以用来发电，但是这一过程却非常危险，因为会出现对人体有害的放射性射线。1938年，德国化学家奥托·哈恩发现了原子核裂变。1954年，第一家核电厂在苏联建成。许多人都反对使用核能，他们认为通过核裂变的方法获取能源过于危险，而且对环境也有危害。小朋友们也许听说过切尔诺贝利核灾难了。1986年4月26日，切尔诺贝利核电站发生泄漏和爆炸，事故中散发出大量高辐射物质，许多人在事故中遇难。

可再生能源

　　因为原子能并不安全，所以长期以来人们一直热衷于研究寻找其他能源。比如，通过太阳能电池获取太阳能就是一种对环境无害的能源获取方式。如今，我们也用风车发电。

移动

我们每天乘坐公共汽车或地铁前往学校，或开车去上班；我们骑着自行车或乘飞机去度假。我们每天使用的这些现代化交通工具出现的时间其实并不长。那么，以前的人们是怎么行进的呢？

我们的祖先在几百万年前学会直立行走时，还没有轮子或其他交通工具。当时的人们只能步行到达其他地方，长途跋涉对他们而言是一件耗时而又辛苦的事。

船

古埃及时期船的模型

8000多年前，人们就开始使用树桩在河中顺流而下；后来人们把树桩中间掏空，坐到里面；再后来人们搭建木质框架，并将兽皮绷在木架上建造小船，或者用芦苇管作为造船材料。

很快，人们发现风可以推动船前行，所以就在船上扎起兽皮来收集风，帆船就是这么被发明出来的。再之后就出现了蒸汽轮船、内燃机动力船、核动力船、电力推进船等。

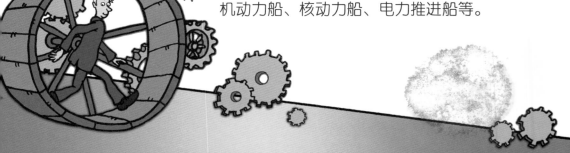

轮子和马车

有一些东西会在地面上滚动，受此启发，人类最重要的一项发明——轮子诞生了！轮子为什么如此重要呢？原因很简单，因为我们使用的绝大多数机器运行时都需要轮子或轮状部件的支持，甚至电脑和手表也不例外。轮子首先可以实现人和货物的运输。我们所熟知的所有交通工具，比如自行车、小汽车、公共汽车、地铁，甚至飞机离开轮子都不能运行。轮子是何时何地发明的，我们不得而知。关于轮子最古老的图片大约有5000年的历史了，它来自美索不达米亚，也就是今天的伊拉克地区。图中所画的是一辆有轴有轮的车。

起初，车是由牛来拉动的，后来才开始用马来代替。早在4300多年前，亚洲就已经开始将马作为家畜饲养。马作为拉车动物很快就获得极高的地位，而相比较之下，马很久之后才被人们用作坐骑。在中世纪，马车始终是最重要的交通工具，直到人们发明了铁路和汽车。人们乘着马车四处旅游，信件和邮件也是靠马车运送分发的。

你知道吗？

马镫也能决定生死。 1000多年前，马镫出现在如今的乌克兰地区。它不仅仅能够方便人们上下马背，在战争中也发挥了重要作用。

通过马镫，骑士可以更稳更牢地坐在马鞍中，从而可以更好地保护自己。

大家来找茬

　　下面两幅老爷车的图片乍看上去完全一样，但是它们有10处不同，小朋友们能找出来吗？

潜水艇

很久以前，人们就开始思考，如何在水下前行。1620年前后，荷兰人科内利斯·德内贝尔发明了第一艘人力驱动的潜水艇。潜水艇船身为木质，外面裹了一层浸过油的动物皮。

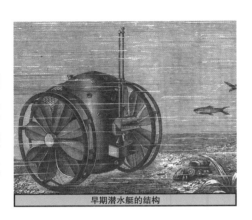

早期潜水艇的结构

桥梁

人们不仅在寻找水下航行的方法，也在寻找水上通行的方法。1779年，英国人亚伯拉罕·达比建造了世界上第一座铁桥。这在当时绝对是爆炸性新闻，因为当时建造桥梁常用的材料是石头和木材。千百年来，桥梁的作用就在于使人们能方便迅速地通过河面和湖面。

你知道吗？

德国汉堡的桥比威尼斯还要多。小朋友们一定看见过威尼斯的图片。威尼斯有许多河道，也就是所谓的运河。游客们坐在威尼斯特有的小划艇——贡多拉上环城观光。除此之外，威尼斯还有许多桥。但德国北部城市汉堡与威尼斯相比是有过之而无不及。汉堡有2500多座桥，所以它也是欧洲桥梁最多的城市。

热气球

人们早已占领了陆地和水域，现在就只差天空了。早在几百年前，发明家们就梦想能够飞上天空，并为此进行了多次鲁莽的尝试：他们把"翅膀"绑在胳膊上，然后从高塔上跳下。

列奥纳多·达芬奇

意大利全能天才列奥纳多·达芬奇在500多年前也绘制出了模仿鸟类飞行的飞行器。直到1783年第一个载人飞行器才飞到空中，但勇敢的飞行员不是人，而是一只公鸡、一只鸭子和一只羊。法国人约瑟夫·孟戈菲尔和艾丁尼·孟戈菲尔两兄弟把它们放入他们制造的热气球中。这三位勇者在空中飞行一圈之后平安回到地面上。

自行车

1817年，德国人卡尔·弗里德里希·德赖斯骑着他自己发明的自行车进行了第一次试行。这个名叫"Draisine（自行木马）"的

卡尔·弗里德里希·德赖斯

家伙看起来和现在的自行车大相径庭，连脚踏板都没有。直到1867年，法国人皮埃尔·米肖在巴黎博览会上向公众展示了带有脚踏板的双轮车。1885年，出现了所谓的"Rover-Rad"，看起来和我们现在自行车已经所差无几了。

排顺序，讲故事

请小朋友们按照正确顺序排列下面的图片，并试着讲给爸爸妈妈听！

答案：...

东方快车——著名的列车

火车

很久以前，人们就有了让车在轨道上行驶的想法了。起初，车是由马拉动的。1804年，英国发明家理查·特里维西克发明出第一台在轨道上行驶的蒸汽机车，但是它非常重，以至于把铁轨都压坏了。所以1825年才真正被视为铁路的诞生年。在同一年，蒸汽机车"旅行者号"在英国城市斯托克顿和达林顿之间完成了自己的首次旅行，它也是首辆由人驾驶的火车。它是由英国工程师乔治·斯蒂芬逊和他的儿子罗伯特·斯蒂芬逊建造的。1829年，斯蒂芬逊父子二人又研发出名为"火箭号"的蒸汽机车，该车的速度达到每小时45千米。你也许觉得这个速度并不是很快，但在当时却引起了极大轰动。斯蒂芬逊把他发明的蒸汽机车卖到世界各地，当然也包括德国。德国的第一列蒸汽机车叫"神鹰号"。1835年，它开始在纽伦堡和菲尔特之间运行。

地铁

不久之后，列车就开始在地下运行了。因为伦敦的交通状况越来越糟糕，所以人们决定建一条地下铁路线。1863年，世界上第一条地铁线路——大都会铁路开通。这条线路位于街道下面的隧道中。

电力机车

我们今天所熟知的列车不再是由蒸汽机车，而是由电力机车或内燃机车牵引的。1879年，德国工程师维尔纳·冯·西门子在柏林造出了第一辆靠电力牵引的电力机车。两年之后，西门子在柏林造出了第一辆电力轻轨列车。

眼力大考验

图片里有多少个箱子和包？

汽车

人们试着将蒸汽机车作为启动装置用于其他的车上，但是可惜的是蒸汽机车又大又笨重。1876年，德国工程师尼古拉斯·奥托发明出了第一台四冲程发动机，也叫奥托发动机。这种发动机最初用作驱动工厂里的机器。很快之后就有发明家想到，将其用于车中。1885年，德国工程师卡尔·本茨研发出第一

鲁道尔夫·狄塞尔和他发明的发动机

辆由汽油发动机驱动的汽车。这辆车有3个轮子，但是没有方向盘。它的速度可以达到每小时18千米，这在当时已经很快了！工程师戈特利布·戴姆勒仔细琢磨如何改进奥托发明的发动机，并在1886年把改进后的发动机安装在一架马车上，第一辆戴姆勒汽车就此诞生！

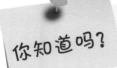

你知道吗？

汽车的大获成功与流水作业线的引入有一定关系。

1908年，美国汽车制造商亨利·福特想到一个好主意——在组装汽车时使用流水作业线。在流水作业线上，汽车的各个零部件逐渐被组装在一起，所以在生产同一车型汽车时就能大大节约成本。福特公司推出的第一款车——T车型，20年间累计销量超过1500万辆，创下了传奇纪录。

飞机

汽油发动机的出现不仅使地面交通取得了巨大进步。1903年12月17日，奥维尔·莱特驾驶动力飞机飞离地面，这是人类历史上的第一次。这架名为"飞行者"的飞机是由奥维尔和他的兄弟维尔伯·莱特共同研发的。这一切看起来颇具冒险色彩：飞行员并不是坐在机舱中，而是直接坐在机翼上，真是勇气可嘉啊！

奥托·李林塔尔——为人类插上飞翔的翅膀

现代飞机的驾驶舱

比莱特兄弟更有勇气的是德国机械师奥托·李林塔尔，他也被莱特兄弟一直视为偶像和榜样。他常年致力于研究鸟类飞行。1891年，他乘着滑翔机首次在空中翱翔。他的飞行试验非常成功，因为他的滑翔机飞出了好几百米。

喷气式飞机冲破音障时，我们会听到一声巨响，因为飞机的速度快于声速。喷气式飞机的推进装置是由英国人弗兰克·惠特尔发明的。1930年，他制造出第一台喷气机推进装置，并申请了专利。

云团迷宫　　你能帮小狐狸找回它的模型小飞机吗？

火箭

简单火箭其实很早以前就有了。1230年左右，中国人就已经用火药造出了第一枚火箭——就像我们在新年之夜燃放的烟花一样。1555年，罗马尼亚锡比乌的上空升起了欧洲的第一枚火箭。1926年，美国人罗伯特·高达德制造并发射了世界上第一枚由液态燃料驱动的火箭。虽然这枚火箭升入空中的高度只有13米，但却为之后研究火箭结构提供了构想。德国物理学家维纳·冯·布劳恩是研究火箭的知名学者之一，曾于第二次世界大战期间为德国军方负责火箭研发工作。战争结束后，他帮助美国人研发运载火箭。

卫星

借助火箭，我们也能将卫星送入太空。1957年10月4日，苏联发射了第一颗人造卫星——斯普特尼克1号，它看起来像一个浑身长刺的大圆球。在晴朗的夜晚，我们甚至可以肉眼看到天上的卫星。

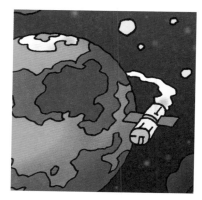

它们围绕地球旋转，拍摄地球表面的图片并搜集科学信息，比如天气信息。电视节目的转播和通信信号的转发也是通过卫星实现的，我们称这种卫星为通信卫星。

空间飞行

1957年苏联发射的卫星斯普特尼克2号首次将生物——一只名为莱卡的小狗带到了太空中。不久之后，人类也实现了遨游太空的梦想。1961年4月12日，苏联宇航员尤里·加加林乘"东方号"宇宙飞船环球飞行成功，成为进入太空第一人。在完成伟大的环球航行之后，加加林安然无恙地返回地面。1969年7月21日又是一个让世人屏住呼吸的日子。这一天，数百万名观众紧盯着电视机屏幕：美国宇航员尼尔·阿姆斯特朗登上月球，成为人类踏月第一人。他说："对于个人来说，这是小小的一步，但对于人类而言，这是一个巨大的飞跃。"

飞船迷宫

哪条路是通向宇宙飞船的路呢？

工具、机器和材料

一直以来，人类都善于发明创造。他们始终都在寻找机会使自己的生活更美好，所以一直不断地发明新的工具、机器和材料，再用它们加工和制造其他东西。

人类最早使用的工具都是源于大自然，比如用树枝从树洞里掏甲虫，用石块砸碎食物等等。石器时代，名副其实，因为这一时期的工具主要是由石头制成的，当然也有用木头和动物的角制成的工具。当时的许多工具都与我们现在使用的工具形状所差无几。

手斧

很长时间以来，手斧都是人们最常使用的工具之一。我们的祖先将石头打磨出锋利棱角，从而可以用它们来切肉或加工处理其他材料，这就是最早的手斧。这项发明可能要追溯到能人了，他们是生活在距今180多万年前的古人类。之后，人们将锋利的手斧和木头结合在了一起，逐渐发明出锤子、斧子等工具。

弓和箭

在远古的洞穴壁画上，我们能看到手持弓箭追逐猎物的人。弓箭到底是什么时候发明的？这一问题很难回答。最古老的弓是在德国境内发现的，距今大约有8000年的历史。但是有一点可以肯定的是，人们很久以前就已经发明了弓箭。最早的弓可能是用红木杉的木料制成的，最早的箭则是用锋利的骨头或石料制成的。弓箭的发明意义重大，因为它们使人们在可视范围内更容易捕捉到猎物。

农业

早期人类以打猎和采集为生，以从大自然中获取的肉类、坚果和果实为食。当他们在某一个地方再也找不到食物时，就会离开这里。我们称他们为游牧民族。直到大约

12000年前，人类才开始定居生活，也就是说他们开始在固定的地方生活。他们开始种植各种作物，饲养牲畜，这也是农业的起源。大约7000年前，第一架犁问世了。

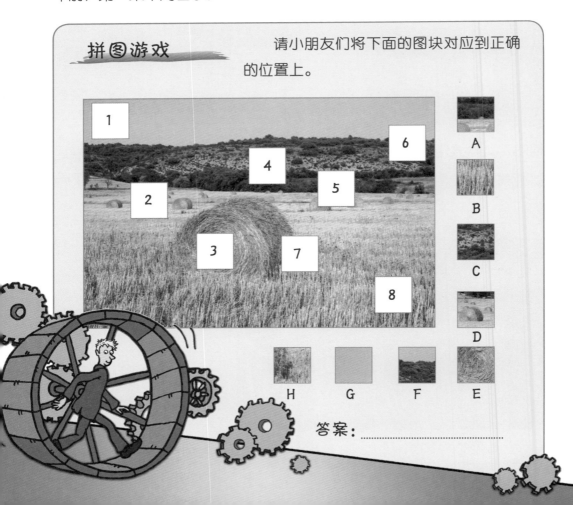

拼图游戏   请小朋友们将下面的图块对应到正确的位置上。

答案：

金属

　　金属的发现和使用是人类历史上重要的一步。金属逐渐取代石头成为制作工具最主要的材料，所以人们用金属的名字来对石器时代之后的年代进行命名，比如"青铜时代"、"铁器时代"。黄铜可能是人们最早发现的金属了。大约在10000年前，人们就开始使用它了。之后出现了其他的金属，比如锡、黄金和白银。大约4000年前，人们开始熔合不同的金属，比如黄铜和锌。通过这种方式可以炼制出一种合金——青铜，它比纯黄铜更为坚硬，抗压能力也更强。大约3200年前，欧洲进入了铁器时代，人们第一次可以从铁矿石中提取铁并用铁制造工具和武器。

俗语解读

　　德语里有句俗语叫"mehrere Eisen im Feuer haben"，意思是"两手准备，确保万无一失"。其中"Eisen"一词是铁的意思，因为这一俗语最早源于铸铁领域。以前铁匠铸铁时总是在火里同时放几个铁块儿，因为这样可以节省时间。当他加工完一个铁块儿后，可以直接从火里取出另外一个铁块儿，从而大大节省了时间。

马蹄铁之谜

　　请小朋友们按照箭头指示方向将两个"+"和一个"−"放在马蹄铁上的四个数字之间，最后得出中间的数字——23。

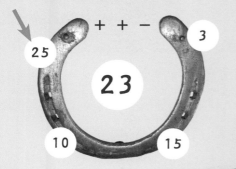

车床

不仅在金属加工领域出现了重大进步，在木材加工领域人们也研发出了新的工具。大约5000年前，在今天的希腊一带出现了最早的车床。人们可以借助车床上的绳索和锋利的刀刃切割木材等材料。

刀

刀片的出现取代了金属。最早的刀片出现在中东地区，材质是铜，可以用来切肉。但当时的人们在用餐时很少会用到刀，因为很长时间以来他们都是用手指吃饭的。直到18世纪，使用刀叉用餐才逐渐推广开来。

锯子

大约5000年前，古埃及人就开始使用锯子来切分木材和石料。如今，我们从金字塔上还可以看到当时埃及人使用锯子的痕迹。

螺丝

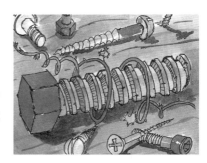

我们经常会用到螺丝固定物品，但是最早螺丝却是别有他用。最早运用螺丝原理的是古希腊数学家阿基米德，他在水管中安装了一个螺旋状的部件，从而可以将水运送到高处。这一装置也就以其发明者的名字来命名——阿基米德螺旋机。古罗马人也将木质螺丝作为酒瓶塞或油瓶塞。直到中世纪才出现了首个金属螺丝。

建筑材料

古埃及人在建金字塔时就已经用石灰岩作为建筑材料了。最早的灰浆也是以石灰为基础的：大约2000年前，古罗马人将烧制过的石灰、水、碎石子和砂子搅拌成一种类似水泥的材料。古罗马的水利建筑水管桥以及著名建筑万圣庙的穹顶就是用这种材料建成的。

宝拉的秘密

海豹宝拉正在锯木头，为即将到来的冬天做准备。如果小朋友们将木段上的单词组成正确的词组，就知道宝拉在冬天都会做些什么了。

答案：

....

....

....

....

....

滑轮组

直到今天，人们还在使用滑轮组来提升重物，比如在卸载货船时。据猜测，早在数百年前人们就已经开始使用简易滑轮组了。很多人都认为，滑轮组是由古希腊科学家阿基米德发明的。现在，许多施工吊车就是按照这一原理工作的。

老鼠电梯

小朋友们按照图中箭头方向转动手柄，装有小老鼠的电梯是往上升还是向下降呢？

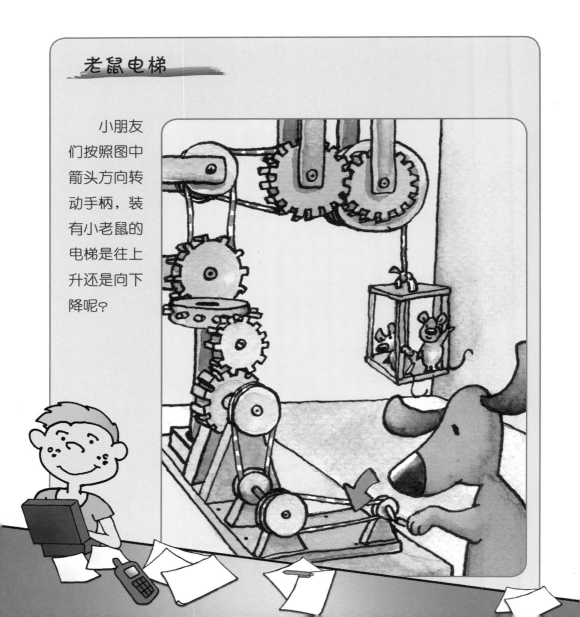

纺织机

为了将羊毛或植物纤维织成布料，我们必须先将它们纺成线。这就需要用羊毛梳子将羊毛拉松，然后慢慢地将蓬松的羊毛纺成线，这一过程我们称为纺线。据推测，最早的纺车出现在几千年前的亚洲。古罗马人也曾使用过纺车。1764年，英国人詹姆斯·哈格里夫斯发明了纺织机，并以他女儿的名字"珍妮"为其命名。

织布机旁的女工

织布机

据推测，早在10000多年前就有简易织布机了，但当时是简单的木结构。1785年，英国牧师爱德蒙特·卡特莱特发明出第一台可以投入使用的机械织布机。起初这种织布机是人力驱动的，之后卡特莱特不断进行改进，最后为其安装了蒸汽驱动系统。这也是工业革命得名的原因之一，因为蒸汽驱动的织布机使衣服和布料的批量工业生产成为可能。

你知道吗?

小朋友们知道"**工业革命**"这一说法从何而来吗？18世纪，人们发明了许多新机器：先是蒸汽机，然后是纺织机，之后又是织布机，这些机器无一不改变了工厂中工人的工作方式。一些之前必须手工完成的工作现在由机器完成。产品生产的速度大大加快。但同时，很多人也因为机器的投入使用而失去了工作。人们将这一系列的变化称为工业革命。

发现

橡胶

当欧洲人在南美第一次接触到橡胶时，并没有对它产生特别的兴趣。亚马逊流域的居民从橡胶树汁中提取出物质，生产出非常有用的东西，比如防水的雨鞋。但当时根本没有可能将这种橡胶运往欧洲，因为液态的橡胶一旦凝结成坨，就不再柔软具有弹性。直到1839年，化学家查尔斯·固特异成功地研究出一种可以将固态橡胶恢复弹性的方法。而如今，"固特异"也成为一个汽车轮胎品牌。

塑料

现在我们几乎可以用塑料生产一切东西：洗发水瓶、电灯开关、收音机外壳，甚至是电话或时尚饰品。第一种全人工合成的塑料是由比利时化学家里奥·汉里克·贝克里特于1907年发明的。全人工合成是指在生产塑料的过程中只使用人工材料。在此之前，人们生产塑料时，会在天然材料（比如石油）的基础上加入人工材料，这也就是我们所说的半合成塑料。

你知道吗？

石器时代的人们就已经开始嚼"口香糖"了。我们的祖先们尝试咀嚼各种东西，比如桦木胶，咀嚼起来甘甜可口。在古希腊罗马时期，最受欢迎的"口香糖"是黄连树的树脂。

肥料

在农业生产过程中，一直以来人们都想方设法加快农作物的生长。千百年来，人们将动物的粪便，甚至是人的粪便洒在田间。粪便虽然有些恶心，但实际上对农作物生长很有帮助。从19世纪开始，人们开始使用草灰和石灰作为肥料。1840年前后，德国化学家尤斯图斯·冯·里比希通过研究发现，磷酸盐、氮和钙能对农作物生长起到积极的作用。

炸药

我们在前面就已经说过，中国人是名副其实的火药大师。他们在很久以前就发明了一种可以击中敌人的火药，当时的蒙古人就使用过这种火药。1847年，身为医生，同时也是化学家的意大利人索布雷诺发明了炸药——硝酸甘油。因为这种炸药爆炸威力极强，可因震动而引发爆炸，所以造成了多起意外爆炸事故。瑞典化学家阿尔弗雷德·诺贝尔继续研究炸药，研制出了硝化甘油。同时他也是诺贝尔奖的设立人。他之所以设立这一奖项，也许是因为在发明了硝化甘油之后目睹了这一发明带来的太多不幸。

机器人

如果有一种机器能将我们从体力劳动中解放出来，比如打扫房间、洗碗、做家务等等，这是不是一件很棒的事呢？很久以前人们就开始梦想能有这么一种机器。1740年左右，法国人

雅克·德沃康松发明了一只会自动"嘎嘎"叫的鸭子，这只鸭子甚至会吃谷粒。直到1921年人们才开始使用"机器人"一词，这个词源自一部剧作。第一个用于工业的机器人名叫"尤尼曼特机械手"，它是美国人乔治·德沃尔于1954年申请专利的产品。如今，几乎在大型工业企业中我们都可以看到机器人的身影。

激光

当我们听到"激光"一词时，也许会联想到科幻电影里的激光剑。其实在日常生活中我们几乎每天都能用到激光，比如CD播放器。激光可以将光转化成高能量的光束，甚至可以用来切割金属。1960年，美国物理学家哈罗德·梅曼研制出第一台激光器。

火眼金星

下面5个机器人中有两个是完全相同的，小朋友们能把它们找出来吗？

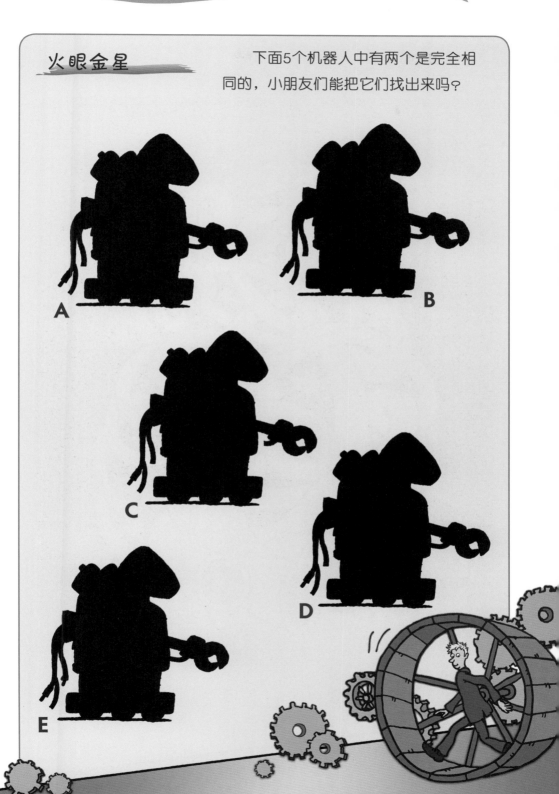

宇宙大滑梯

几号通道可以通向地球？

宇宙和时间

宇宙之大，难以想象，也许目前我们只发现了其中极小的一部分。虽然我们已经对其中的一些行星有所了解，但是谁知道还有没有其他更多的行星呢？宇宙大约有1300万年的历史了。据推测，宇宙是在所谓的原始大爆炸中产生的。

行 星

宇宙中存在着许多星系，多得不计其数，银河系就是其中之一。我们的太阳系又是银河系的一员。太阳系中有我们所熟悉的太阳，有围绕太阳旋转的8颗行星——水星、木星、金星、土星、火星、天王星、海王星以及我们的地球，此外还有小行星、陨石和彗星。夜晚，我们从地球上用肉眼就可以看到金星、火星、水星、土星和木星。它们看起来要比大多数恒

星更为明亮，所以早在几千年前就被人们发现了。可以肯定的是，早在古希腊罗马时期它们就已经广为人知了。当时，人们将行星视为神灵。如今行星所使用的名称均来自古希腊罗马时期的神话。直到18世纪和19世纪人们才发现了天王星和海王星。

日历

每年我们都会过生日。我们清楚地知道生日是在哪一周的哪一天，因为一看日历就一目了然了。但日历并不是自古就有的。当然，以前人们只会区分日夜、每个月的不同阶段和不同的季节，但他们还不能清楚地区分每个时

365天+5小时58分

间段。最早的日历出现在大约5000年前的古巴比伦。它以农历为准，也就是说，从满月之日到下一个满月之日为一个月。

古埃及人以公历为准，以公历年代替农历年。他们将一年分为12个月，每个月为30天，最后再加上5天，这样一年就正好有365天了。当时，人们就已经知道，地球围绕太阳旋转一周大约需要365天。

古罗马人也是以公历为准。古罗马大帝尤里乌斯·凯撒坚信，每个月不是30天就是31天。当时的天文学家也已经确定，公历年不是整365天，而是365.25天，所以每四年就会出现一个闰年，也就是会比正常年（365天）多出一天。这种日历被称作尤利安历法。在接下来的几百年中，这种日历都未曾有过变化，但后来人们发现，之前的人们并没有计算出公历年的准确持续时间。1582年，教皇格列高十三世修改了原有的历法。为了使历法更为准确，他从1582年的10月份中剔除了10天，然后规定，不用再每隔一段时间就考虑闰年的问题了。这样就出现了格列高历法，现在世界上很多地方的人们仍在使用这种历法。

钟表

现在几点了？多简单呀！只要看一眼表不就知道了吗？但你知道吗？我们所熟悉的表存在的时间并不长。起初，人们是根据星星、月亮和太阳的变化来确定时间的。比如，日晷就是根据太阳的影子来测定时间的。日晷的出现也标志着人类社会从古巴比伦时期进入了古希腊时期。但是日晷只能在有太阳的情况下使用。后来人们发明了其他的方法测定时间，比如看特定容器中的水或沙子多久可以漏完，或者看一支蜡烛多久能燃烧完。水漏钟出现在大约3400年前，而沙漏钟出现在公元1300年左右。13世纪，人们发明了机械齿轮表。1510年左右，德国锁匠彼得·海莱恩发明出了弹簧驱动的怀表。1657年，荷兰自然科学家克里斯蒂安·惠更斯发明出了第一座摆钟。如今甚至出现了原子钟，它连续运行20亿年最多出现1秒的误差。

火眼金星　　哪两只钟表是完全一样的？

指南针

　　早期的航海员在航海时主要靠太阳、月亮和星星来在茫茫大海上辨认方向。直到古希腊罗马时期，人们才发明出了一种仪器——指南针，它可以使人们在海上更容易定位。大约2500年前，古希腊人制造出了简易指南针。大约950年前，中国人发明出了所谓的水罗盘，它靠磁针在水面上游动来指明方向。我们今天所使用的指南针通常被认为是由生活在1300年前后的意大利人弗拉维奥·比安多发明的。后来，人们还在指南针上安装了罗经刻度盘，有了它人们就可以很方便辨出方向。指南针的工作原理如下：磁针的箭头始终指向北方，因为它受地球磁场的影响。通过这种方式，人们就可以确定自己的方位。另外，也有不需要磁场定位就可以确定方向的指南针。

透镜望远镜、望远镜和眼镜

　　直到17世纪初，天文学家们还没有望远镜可以用，因为它是1608年由荷兰眼镜匠汉斯·利普塞尔发明并由意大利自然科学家伽利略·伽利雷进行改进的。利普塞尔发现，如果透过两块间距适中的透镜观察远处的物品，物品就会变大。对于战场上的将领而言，望远镜是侦察敌人举动的重要辅助工具，而科学家们则主要用它观察天上的星星。早在13世纪晚期，人们就已经开始利用透镜作为助视手段——眼镜由此诞生！眼镜在东方出现的时间可能更早。

地图

　　我们很难确定世界上第一张地图是什么时候出现的。早在石器时代，人们就已经将周围的地形画在沙子或墙壁上。详细展示地形情况的最古老的壁画可能出现在今天的土耳其一带，时间大约是8200年前。大约3000年前，古巴比伦人就已经开始在陶板上勾刻地图。在古希腊罗马时期，人们对地理学的兴趣不断高涨。在这一阶段，地理学被视为科学。学者们不仅绘制了周边小范围的地图，还绘制出整个世界的地图，或者更确切地说他们所知道的全部地区的地图。据说，第一张世界地图是天文学家阿那克西曼德·冯·米勒特在大约2500年前绘制的。

地球仪

　　现今保存的最古老的地球仪是1492年由来自德国纽伦堡的商人马丁·贝海姆制作的。贝海姆将制成的地球仪起了个可爱的名字——"Erdapfel"，翻译成中文就是"地球苹果"。在这个地球仪上，我们还看不到与它同一时期被发现的美洲。16世纪，德国数学家盖哈特·墨卡托因制作地球仪和绘制地图而闻名于世。他的大名甚至传到了中东一带。

最著名的探险家

13世纪末，航海家们止不住探险的脚步。他们充满了探险的欲望，总想发现新的大陆。这也与欧洲商人的小发现有些关系。他们发现，在遥远的东方，特别是在印度和中国，总能买到各种珍贵的商品。这些商品主要是欧洲所没有的香料。但是通往亚洲的路途艰难而又漫长。所以之后，那些勇敢而又大胆的探险家们为发现世界的秘密开始了艰苦卓绝的漫漫征程。

马可·波罗——环游中国

威尼斯人马可·波罗是最早一批游历遥远东方的欧洲人之一。他的游记成为欧洲中世纪最富盛名的文学作品之一。在游记中，他提到了他的中国之行。1271年，当马可·波罗随同父亲尼古拉·波罗及叔父玛窦·波罗启程前往中国时，他只有16岁。他的父亲和叔父都是商人，为了珠宝、丝绸和香料生意，曾于10多年前到过中国。他们与当时中国的统治者——忽必烈大汗建立了联系，后来也将马可·波罗引荐给忽必烈。在接下来24年里多次的商务旅行中，马克·波罗逐渐对中国及其邻国有了越来越多的认识。

克里斯托弗·哥伦布——发现美洲大陆

　　克里斯托弗·哥伦布是15世纪著名的探险家之一。他是意大利人，却生活在葡萄牙。他想证明，通过大西洋也能到达印度。那个时候，在大西洋上只能沿着非洲西海岸向南行驶。当时人们猜测地球是一个圆球，所以哥伦布认为，如果一直向西航行，就一定能够到达印度。这在他看来是完全合乎逻辑的。他说服了当时的西班牙女王伊莎贝拉及女王的丈夫费尔迪南支持他的探险计划。

　　1492年8月3日，哥伦布带领由三艘船组成的船队从西班牙出发。1492年10月12日，当船队发现大陆时，哥伦布满怀喜悦地认为自己已经到达了印度，所以他将那里的土著居民称为印第安人。直到1506年哥伦布去世，他都不知道自己发现了一个新的大洲——美洲。

哥伦布拼图之谜

小朋友们能找出拼图中所缺的部分吗？

你知道吗？

克里斯托弗·哥伦布并不是到达美洲大陆的第一人。 在他之前，已经有其他的欧洲人到过那里，他们就是北欧海盗维京人。公元980年左右，北欧维京人艾利克在格陵兰岛登陆，并在那里定居。他的儿子埃里克松也向格陵兰岛航行，并从那里继续探险之旅。公元1000年左右，埃里克松带领他的船队在纽芬兰岛登陆。维京人也是最早踏上美洲大陆的欧洲人。

瓦斯科·达伽马——环游好望角

葡萄牙航海家瓦斯科·达伽马也想通过海路到达印度，但是他选择了一条和克里斯托弗·哥伦布不同的路线。当时的葡萄牙国王伊曼纽尔委托他，环绕非洲找一条可以迅速通往印度的商路。1497年，达伽马带领他的船队从里斯本出发，沿着非洲海岸航行。他成为环游风暴汹涌的好望角的第一人，并于1498年在印度西海岸登陆。在那里他的船载满珍贵的香料，沿着原路，重新返回故乡。

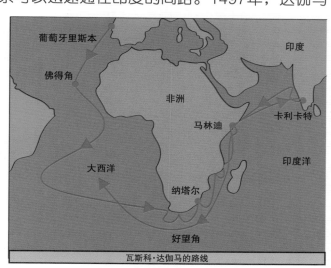

葡萄牙里斯本
佛得角
非洲
马林迪
卡利卡特
印度
印度洋
大西洋
纳塔尔
好望角

瓦斯科·达伽马的路线

费迪南德·麦哲伦——环游世界第一人

1519年，葡萄牙人费迪南德·麦哲伦开始了一次漫长的冒险之旅。他想成为第一个环游世界的人，找到亚洲的香料群岛。他带领船队在塞维利亚启程，向南美洲的方向航行。在那里，他们发现了一个当时还不为人知、可以穿行的海湾，并以麦哲伦的名字为海峡命名。最后船队到达了菲律宾。1522年，这支船队在失去麦哲伦的情况下回到了西班牙的港口，因为麦哲伦在同土著居民的斗争中身亡。麦哲伦的这次航行证明了地球是一个球体，这是不可辩驳的事实。

帆船之谜

下面的6幅图片两两相同，小朋友们能找出来吗？

詹姆斯·库克——考察各大洋

英国人詹姆斯·库克是历史上最著名的航海家之一。他一共进行过3次探险航行（主要是在太平洋上），其中有许多重大发现。第一次航行时，他以寻找当时尚不为人知的南方大陆为目的。当时的人们坚信，这块神秘的大陆一定存在于某个地方。1770年，库克在返回的途中登上了澳大利亚东部海岸，他也是第一位来到这里的欧洲人。

你知道吗?

我们的许多食物都源于其他大洲。土豆泥、浇着番茄酱的意大利面和一块美味的巧克力，都是我们无法放弃的东西。但是你知道吗？这些食物或它们所用的配料都是从遥远的国度运来欧洲的，比如西红柿和土豆是源于南美洲的作物，它们直到16世纪初期才被运到欧洲。

异类大搜捕

图中的哪一种食物和其他不是一类的？

分鱼之谜

企鹅们正在分鱼，如果讲求公平原则，那么每只企鹅能分到几只鱼呢？

亚历山大·冯·洪堡——全能天才

德国自然科学家亚历山大·冯·洪堡是一位名副其实的全能天才，或者更准确地说，是一位无所不知的学者。他从来不满足于只研究一项学科。他对所有的学科领域都非常感兴趣，比如物理、化学、生物、天文以及其他。1799年至1804年之间，洪堡致力于研究中美洲和南美洲。他参加了一支美洲探险队，花了5年的时间游历了如今的哥伦比亚、厄瓜多尔、秘鲁、古巴和墨西哥等国。他将自己的所见所闻全部记录下来留给后人，并将所有的研究成果编写成《宇宙》一书。在他之后，著名的洪堡学派也开始广为人知，甚至有一种企鹅也开始以"洪堡"命名的。

戴维·利文斯顿——维多利亚瀑布的发现者

孩童时期的肖特·戴维·利文斯顿就梦想着有一天能够环游世界。作为一个小商贩的儿子，利文斯顿10岁起就被迫去一家棉花加工厂工作。但后来他还是坚持上完了中学，并开始学习医学。身为医生的他加入了伦敦传道会，并于1840年被派往南非。对他而言，陌生的非洲大地远比伦敦传道会的工作有吸引力。他从南非一路北行，于1851年到达赞比西河上游。后来他还多次前往南非探险，直到发现赞比西瀑布。为了纪念当时的英国女王维多利亚，他将该瀑布命名为维多利亚瀑布。

日常生活

　　每天，我们都从大大小小的发明中获益，它们使我们的生活变得轻松而又美好。我们用玻璃杯喝水，在裤子上装上拉链，用各种各样厨房电器准备一日三餐。我们无法想象没有这些发明的生活会是什么样子。

陶器

　　我们的祖先早在10000多年前就认识到，陶土具有塑性，用火煅烧之后会变硬，从而可以用来制作存放食物的陶罐和盘子。最初的陶器较为粗糙、易碎。直到几千年后，也就是大约5500年前，人们才发明出烧制陶器的火窑。火窑中的高温可以使陶器更为坚固。大概在同一时期，人们也制作并使用陶工旋盘。此时的陶制品不仅仅可以作为容器，同时也不乏精美之至的艺术品。人们用天然颜料在陶器上勾画、点缀。目前发现的最古老彩绘陶器来自于土耳其，距今有8500多年的历史。

瓷器

　　谁发明了瓷器？当然是中国人。他们在公元7世纪左右就已经掌握了制作瓷器的工艺。14世纪瓷器产品进入欧洲后，在很长一段时间里，欧洲人都认为，瓷器是将白色贝壳的表面打磨精细后得到的。在威尼斯这种白色贝壳的名字是"porcelle"，所以欧洲人就把瓷制品称为"porcellana"，意思就是"贝壳制品"。欧洲人用了好几百年的时间才发现了其中的秘密。1708年德国小城迈森开始生产瓷器。

玻璃

　　许多东西的发现都源于偶然，玻璃也许就是如此。把沙子、石灰岩和木灰按照一定比例混合，然后加热就可以得到玻璃。很久以前，玻璃就被用来制作锋利的工具。据推测，早在4500年前左右，生活在美索不达米亚地区的人们就已经了解玻璃这种材料了。但是真正批量生产玻璃制品的是埃及人。目前出土的最古老的玻璃文物是约有3500年历史的小玻璃珠和玻璃托盘。

暖气

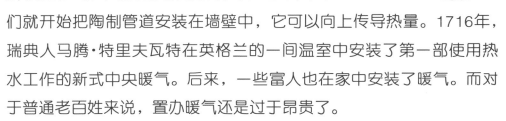

古罗马时期，人们就已经开始千方百计地想办法在取暖的同时保持清洁舒适。大约2000年前，他们就研发出了第一部中央暖气。其工作原理如下：暖气室中的空气被加热，并通过地下管道通往待加热的房间中，所以古罗马人的脚部总是暖暖的。后来人们就开始把陶制管道安装在墙壁中，它可以向上传导热量。1716年，瑞典人马腾·特里夫瓦特在英格兰的一间温室中安装了第一部使用热水工作的新式中央暖气。后来，一些富人也在家中安装了暖气。而对于普通老百姓来说，置办暖气还是过于昂贵了。

冬天比较健康的室内温度是20摄氏度。我们可以定期把窗户打开5分钟左右，使房间通风透气，从而保持室内温度适中。

俗语解读

德语中有句俗语叫"kalte Füsse bekommen"，意思是"本来要做某事，但是后来因害怕而放弃了"。其中"kalte Füsse"的一词是"冰凉的脚"的意思，这和"因害怕而放弃"有什么关系呢？据说，这一俗语源于赌博。以前在德国赌博是被明令禁止的，所以人们就在黑暗的地下室中偷偷摸摸进行。当赌徒们离开赌场时，就会说自己手脚冰凉，后来"kalte Füsse bekommen"这一短语就引申为"本来要做某事，但是后来因害怕而放弃了"。

厕所

大约4500年前，古希腊人就应该已经发明了世界上第一套排水系统。古罗马人进一步完善了这套系统。大约2200年前，古罗马甚至建造了公共浴池、能够冲水的厕所，并发明了水龙头。但可惜的是，这些发明在中世纪却渐渐被人们所遗忘。当时，在欧洲中部的许多地区，人们或者在野外解手，或者直接把粪便倒在大街上。那么我们不仅要问一句："人们怎么能忍受这种恶臭呢？" 15世纪，伦敦终于建成了第一个公共厕所。但这种厕所里往往是人声一片，并不安静，因为它可以同时容纳近130人。1775年，英国发明家亚历山大·卡明斯发明了冲水马桶。这种马桶配有一个弯的排水管，与现在的马桶非常相似。

牙刷

你每天至少刷两次牙，是吧？当然是这样啦，因为你想保持牙齿健康。我们今天所用的人工毛丝牙刷直到1950年才出现。但在牙刷出现以前的日子里，人们也尝试保持牙齿清洁。大约5500年前，埃及人通过咀嚼一种树枝来清洁牙齿。其他一些民族也用小树枝或动物毛发制成的小刷子来刷牙。在500多年前，中国人就已经把猪鬃固定在竹管中当做牙刷使用。另外，如果你没有牙刷，但是手头上正好有苹果，这也不错，因为苹果也能起到清洁牙齿的作用。

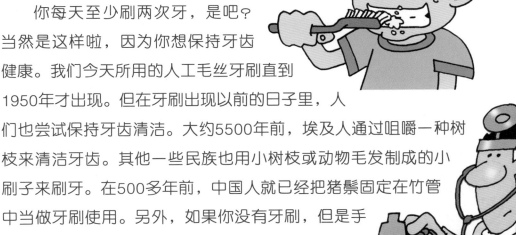

冷冻、保存

很久以前人们就开始尝试把食物保存得更长久一些，比如通过干燥、烟熏或腌制等方式。19世纪初，一名法国面包师想出了将食物放在隔绝空气的密封容器中加热进而保存食物的方法。但当时他使用的仍然是玻璃瓶。直到1810年，英国商人彼得·杜兰德才想出用锡铁罐代替玻璃瓶保存食物的方法。

此外，冷藏也能够延长食物的保存时间。早在几千年前，人们就已经知道这一秘密了，只是当时采冰比较困难。在古希腊罗马时期，人们有一个小窍门：从高山上取来冰块儿和积雪，并将它们埋入地下，它们在地下的融化速度会慢一些。直到19世纪，人们才开始尝试制作冰箱。1876年，德国工程师卡尔·保罗·冯·林德研制出世界上第一台制冰机。

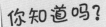

你知道吗？

2000多年前的人们就已经吃上了冰淇淋。
据推测，冰淇淋最早出现在中国。为了制作冰淇淋，人们从高山上取来冰块儿和积雪，并混入果汁和香料。古罗马人为了使冰淇淋口感更好，还在其中加入了蜂蜜。

单词大转盘

请小朋友们按照箭头指示的方向将转盘内的英文单词补充完整。

小提示：这3样东西都是制作冰淇淋必不可少的材料！

答案：

....

....

....

摄影技术

照相机的出现或多或少和暗箱的发明有些关系。暗箱是一个密封箱，一面有小孔，可以透光。如果小孔对着的一面是半透明的（比如磨砂玻璃），那么我们就会在那里看到箱外景物的倒影。暗箱的历史要追溯到古希腊罗马时期了。

1826年，法国人约瑟夫·涅普斯想到了一个了不起的主意。他将一块涂有感光化学药剂的锡板放入暗箱中，并将暗箱放在窗外。8个小时之后，他将锡板取出，世界上第一张相片由此诞生！之后，巴黎画师路易·雅克·达盖尔对摄影技术进行了进一步的改进。1830年，他首次成功发明了使用摄影术。使用这一技术几分钟内就可以得到清晰的照片。他将这一技术称为达盖尔摄影术（又名"银版摄影术"）。第一台单反照相机是1861年诞生的。

烹饪与家务

　　直到19世纪，人们还是在火堆或简易炉上煮饭。1859年，美国人乔治·辛普森终于对煮饭时产生的浓烟忍无可忍了，就对原有的简易炉进行改造，形成了煤炉。后来他又在板材中安装了电线，通电后板材就会加热——最早的电炉由此诞生！

　　小朋友们在家也要洗碗吗？或者你们很幸运，只要把脏盘子脏碗扔到洗碗机里，就万事大吉了。洗碗机这种实用的机器是美国人约瑟芬·戈林于1886年发明的。洗碗机配有一个碗筐，我们把用过的餐具放到里面即可。接下来碗筐中就会注满掺有洗涤液的热水。洗涤泵不断注入清水，从而保证将餐具彻底清洗干净。

　　现在请小朋友们设想一下用嘴吸入灰尘。当然我们肯定不会这么做！但是英国工程师休伯特·布斯就曾这么尝试过，并由此得出吸尘器的灵感。他将一块毛巾蒙在嘴前，吸家具上的灰尘。他成功了！灰尘被吸附在毛巾上了。1901年，布斯将第一台真空吸尘泵推向市场。

　　打开门，放入要洗的衣服，然后关上门，按按钮，洗衣机就开始运转了！我们今天洗衣服就是这么简单。但以前人们只能手洗衣服，非常费力。1767年，来自德国累根斯堡的牧师雅克布·克里斯蒂安在非常偶然的情况下发明了洗衣机。他原本是想发明一种搅拌纸浆的机器，结果机缘巧合发明出了洗衣机。1906年，第一台电力驱动的洗衣机问世了。

厨房眼力大考察

厨房里隐藏着15种电器
小朋友们能找出来吗？

医药与健康

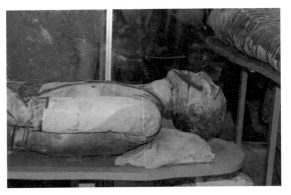

小朋友们对医生肯定不陌生吧！医生会定期为我们检查身体，并确定我们的身体是否健康。除此之外，当我们生病或受伤时，医生也会为我们提供帮助。胳膊骨折或流行性感冒在今天看来根本不是问题，不费吹灰之力很快就能治愈。但在过去，类似骨折或感冒的小病却有致命的危险。

自从地球上有了生命，疾病也就开始出现。比如，研究者认为恐龙就曾饱受风湿病的折磨。最早的人类也未能免受病痛的伤害。在对几百年前的木乃伊进行研究的过程中，专家证实了多种常见疾病的存在。

另外，很长时间以来人们都认为疾病是神灵对人类的一种惩罚或是恶灵对人类的诅咒，所以最早的医生都是由所谓的萨满（巫师）来担任的。他们通过施法来驱逐恶灵。当然，他们也了解一些草药的功效，并用它们来治病。

最早的手术

过去，人们不仅借助施法和草药来治病，甚至还会进行手术。研究者在现在的伊拉克地区发现了一具缺少一只胳膊的原始人遗骸。这只胳膊也许是在一次事故中严重受损。研究者推测当时伤者可能接受了截肢手术。这也许算得上是人类医学史上的第一台手术了。

针灸

中国人被视为针灸的发明者。所谓针灸，就是将细针刺入身体某些部位。中国人大约在3000年前就开始使用这一方法来减缓病痛。17世纪末，针灸漂洋过海来到了欧洲。针灸可以用于治疗多种疾病，比如偏头疼或一些我们难以解释的持久性病痛。如今也有很多人为了戒烟或减肥而采用针灸治疗。

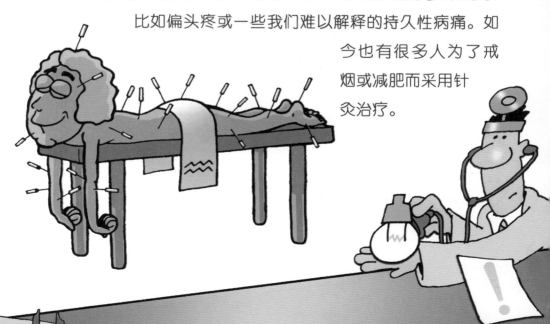

大家来找茬

上面两幅图共有8处不同，小朋友们
能找出来吗？

显微镜

小朋友们曾经用放大镜看过东西吗？放大镜下的一切都显得大了好几倍。其实人们早就发现了这一现象，并在进行细致观察时使用球形透镜。第一款显微镜效果不如人意，因为当时使用的玻璃镜片并不是很清晰。直到荷兰人安东尼·冯·列文虎克出现，这一境况才有所改变。经他打磨的镜片品质优良，透过镜片甚至可以清楚地看到口腔黏膜上的细菌。

你知道吗？

当我们生病了，必须得去看医生，请医生为我们检查。大多数情况下，医生会为我们开药，这些药品可以在药房买到。也就是说，医生会给我们出具一张处方。而以前在欧洲，医生不会在处方单上写出病人所需的药品，而是亲自前往药房抓药。抓药时，他们会用小木棍指着所需的药材。欧洲最早的药剂师都是由僧侣来担任的。直到13世纪，德国才出现了第一家城镇药房。

体温计

早在16世纪时，人们就已经开始用温度计来测量气温了。意大利科学家伽利略·伽利雷发明的温度计应该是世界上第一只温度计。而用温度计来测量体温则是意大利医生散克托留斯在1625年想到的主意。在世界上许多国家，温度的计量单位都是摄氏度。这一单位是根据瑞士科学家安德斯·摄尔修斯（18世纪）的名字命名的。除了摄氏度以外，还有其他测量温度的单位，比如华氏度，这是以其发明者德国物理学家加布里尔·丹尼尔·华伦海的名字命名的。美国使用的就是华氏度。

听诊器

大约在200年前，医生在为了检查病人心脏和呼吸状况时，必须把耳朵紧贴在病人身体上。而现在医生就不需要这样做了，因为有了听诊器。小朋友们在医生那里一定见过它。最早的听诊器是一根简易的空心木管，是由法国医生雷纳·雷内克于1816年发明的。

英文充电站

请将图中序号对应的英文单词填入下面的方格中。

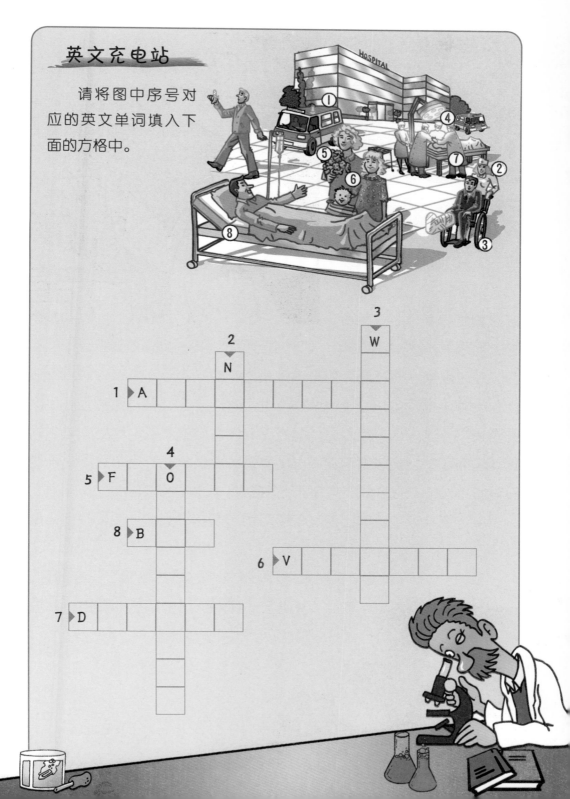

预防和治疗

如果我们想远离传染病，就应该注射疫苗。不管是天花、麻疹、白喉，还是小儿麻痹症，这些对许多人而言是重症、甚至有致命危险的疾病，目前都已经有相应的疫苗了。

说到疫苗，我们最应该感谢的人是英格兰乡村医生爱德华·詹纳。1796年，他研制出世界上第一支有效对抗天花的疫苗。经过观察，他发现，如果人传染上牛痘（牛痘本身对人而言没有什么危险），就再也不会患天花病，也就是说牛痘病毒从某种程度上保护了人们。这一认识使爱德华萌生了一个大胆的念头：他给一个小男孩儿注射了从牛痘脓疱中提取出的物质。而结果是，这个男孩儿再也没有得过天花。他的身体中有了天花抗体，因此也就不会患上天花病。

接下来几年中研制出的其他疫苗也是同样的原理，比如破伤风疫苗、白喉疫苗等，这些病在19世纪曾夺走了许多孩子的生命。1890年，德国细菌学家埃米尔·阿道夫·冯·贝林发明了一种药剂，之后又发明了一种对抗可怕疾病的疫苗，此后他就被视为孩子们的大救星。

麻醉

直到200多年前，患者在接受医生治疗（比如拔牙）时，还不得不忍受着疼痛。为了减轻疼痛感，患者会大量饮酒。19世纪初，这一切出现了转折：1800年左右，英国化学家汉弗莱·戴维爵士通过无数次试验发现了笑气具有镇痛作用。1844年，美国牙医霍勒斯·韦尔斯首次在手术中使用笑气。

眼力大考察

下面图中哪种东西出现的频率最高？

注射

没有哪一个人喜欢打针，许多人甚至对针头有一种恐惧。注射器很久之前就有了，但当时的注射器并不像我们现在看到的这样。当时的医生通过简易针头将液体药剂注射到患者的皮肤内。1844年，爱尔兰医生弗朗西斯·赖恩发明了可以注射针剂的空心针头，此后这种空心针头又与活塞相连。

消毒

在很久以前，即便是简单的小手术也危险重重。那时，医生在诊治患者的过程中，使用的是同一器械，也不会洗手消毒。这样一来，在大家不知情的情况下许多疾病就会在患者之间相互传染。1865年，英国外科医生约瑟夫·李斯特为了杀死细菌，首次对自己的手、手术室中的器械、患者的伤口和绷带进行消毒。正是因为这样，死于感染的人大大减少。消毒这一行为也逐渐受到推行。

X光

小朋友们可能听说过，人们在受到外伤之后通常需要照X光，也就是说用所谓的X光射线照射身体，来找出骨折或受伤的地方。这种射线是德国物理学家威廉·康拉德·伦琴在偶然的情况下发现的，他将它命名为X射线。X光片是一种可以反映身体内部情况的照片。X光射线穿过身体，身体中较为坚硬的部分，比如骨头，看起来就要比软组织明显。当他将他的发现公之于众后，很快这种射线就开始应用于医学的多个领域中。

超声波

我们想要查看体内的详情不仅可以借助X光射线，还有一种可能——超声波。1942年，奥地利医生卡尔·杜西克首次将这种方法用于医学领域。他借助超声波对大脑进行研究。超声波也会用来对孕妇进行身体检查，首次成功应用是在1955年。如果我们的妈妈在我们出生前曾照过超声波，那我们也可能是某张超声波图的主人公噢!

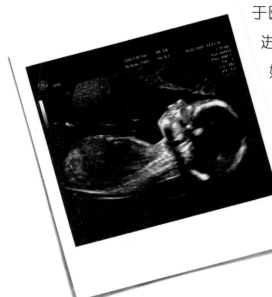

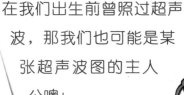

阿司匹林

小朋友们一定听说过阿司匹林这种药物，它主要是用来缓解疼痛的。阿司匹林中包含的有效成分最初是从草中提炼出来的。德国化学家、药剂师费利克斯·霍夫曼于1897年首次人工合成出阿司匹林中的有效成分。

盘尼西林

像盘尼西林一类的抗生素是用来治疗传染病的药物，它们通过杀死能够引发疾病的危险细菌来起作用。盘尼西林是由英国细菌学家亚历山大·弗莱明于1928年发现的。他本来是想研究细菌，但由于疏忽，使培育的细菌周围长出霉菌，霉菌杀死了培养皿中的部分细菌。之后人们才想到有目的地使用霉菌来治疗疾病。

DNA(脱氧核糖核酸)

很久以来，人们一直在探索我们身体的秘密，比如18世纪时科学家就提出了遗传的理论。如今，我们都知道每个人都有属于自己的基因。基因决定了我们的性别、眼睛和头发的颜色、身高以及许多其他东西。美国研究者詹姆士·沃森和弗朗西斯·克里克于1953年破译了包含我们基因的遗传物质——DNA的结构。DNA是脱氧核糖核酸英文单词"deoxyribonucleic acid"的缩写。

染色体

DNA

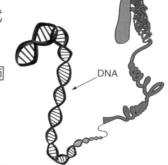

克隆

　　小朋友们听说过多利吗？多利也许是世界上最富盛名的羊了，因为它是另外一只羊的克隆体，1996年来到这个世界。多利不是自然繁殖出来的，而是诞生于一个实验室：它是克隆出来的。在克隆的过程中，工作人员将另外一只羊的遗传物质添加到一个细胞中，并将这个细胞移植到代孕的母羊体内。几个月后，这只代孕羊妈妈就生下了一只健康的小羊——多利！

眼力大考察

　　小羊马克思被克隆了。小朋友们能帮助它找出它的克隆体吗？

A　B　C　D

眼力大考察

下面的8幅图两两相同，小朋友们能找出来吗?

A

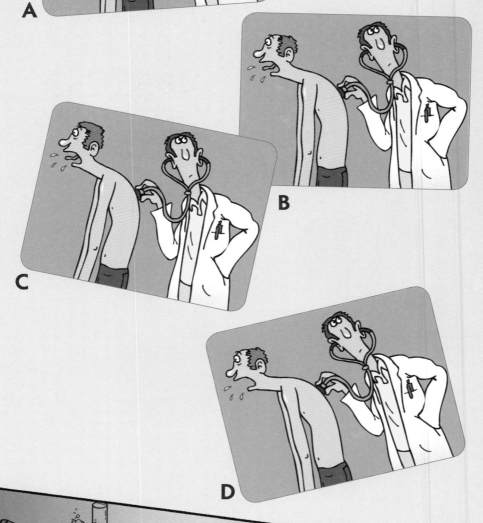

B

C

D

答案：

....

....

....

....

E

F

G

H

贸易与货币

如果我们想买东西，就需要钱。这是一个非常简单的道理。但是我们也可以以物换物，比如用泰迪熊来换一个新足球，用一袋小熊糖换一袋薯片。几千年来，贸易也是按照这一原则来进行的。但是有的时候进行起来非常麻烦，比如有人想用一头奶牛换一只羊，因为这两种动物的价值并不相等，相差较大。所以人们开始思考是否其他的办法

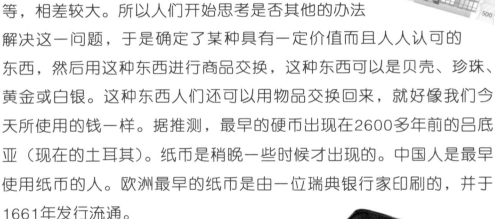

解决这一问题，于是确定了某种具有一定价值而且人人认可的东西，然后用这种东西进行商品交换，这种东西可以是贝壳、珍珠、黄金或白银。这种东西人们还可以用物品交换回来，就好像我们今天所使用的钱一样。据推测，最早的硬币出现在2600多年前的吕底亚（现在的土耳其）。纸币是稍晚一些时候才出现的。中国人是最早使用纸币的人。欧洲最早的纸币是由一位瑞典银行家印刷的，并于1661年发行流通。

伊尔米买东西

小蜜蜂伊尔米去为妈妈买东西。妈妈给了它15欧元，买完东西剩下的钱它可以自己留着。它买了60g奶酪（1欧元15g）、2.5欧元的巧克力、4欧元的奶油和一把2.5欧元的牙刷。它还有多少钱可以放到自己的储蓄罐里呢？

俗语解读

德语中有一句俗语叫"Geld auf den Kopf hauen"，意思是肆意挥霍金钱。这句俗语中的"Kopf"一词是头的意思，挥霍金钱和头有什么关系呢？大多数硬币的一面刻着面值，而另一面刻着图案，图案通常是一些名人的肖像。其实在中世纪时就是如此了。当时人们用硬币付钱时，通常都会把刻有面值的一面朝上，印有头像的一面朝下。后来人们就用"Geld auf den Kopf hauen"表示肆意挥霍金钱的意思。

宝拉的小钱包

| 货币 | 1,00 | 1,00 | 1,00 | 1,00 |
| 欧元 | 0,10 | 0,74 | 0,60 | 1,44 |

宝拉的手里有一些外币，它想把它们兑换成欧元，它能兑换出多少欧元呢？

数字

苏美尔人在大约5000年前就发明了一套计数系统。他们使用这套计数系统和楔形文字记录发生的重要事件。古埃及人设计了许多伟大的建筑，比如金字塔，由此可见他们也是计算能手。我们今天计算所使用的数字大约在2500年前才出现，是由古印度人发明，并由阿拉伯人带入西班牙而传入欧洲的，所以也被称为阿拉伯数字。德国到15世纪时才开始推广使用阿拉伯数字，而之前人们则使用罗马数字。罗马数字由字母排列组成，如今几乎不再使用了。

数字"0"

不管怎么说，数字"0"都是一个神奇的发明，因为它表示一无所有。尽管如此，数字"0"也是数学家最为巧妙的发明之一，因为没有它我们就无法表示许多较大的数字，比如100、1000等。数字"0"最早是由古印度人发明的，至今已有1800多年的历史了。

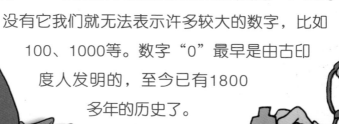

秤

早在几千年前，人们就开始琢磨，如何确定某一样东西的重量，比如粮食或者金属。这一点非常重要，因为人们在进行物物交换时需要进行计算。大约6000年前，苏美尔人发明了一种简易秤——梁秤。

算盘

数字的出现解决了贸易商品买卖过程中出现的不少难题，但是想把所有的数据加在一起也不是件容易的事。直到算盘出现，这一状况才有所改观。大约在5000年前，中国人发明了所谓的算盘，也有人说是古巴比伦人发明的。这是一种最古老，也是最简易的累加计数工具。它由一个木框和几根穿着珠子的木棍组成。珠子分别代表个、十、百、千。

证券交易所

以前，人们聚集在集市上买卖商品，就像现在有些地方赶集一样。但对某些商品交易而言，就存在困难了，比如大宗货物交易。所以商贩们就开始思考，如何以一种虚拟的方式将货物带到买主处。答案就是利用有价证券，也就是所谓的汇票。汇票上会标明商品的名称和数量。1409年，世界上第一家证券交易所在比利时的布鲁日开门营业。

字母探秘

　　下面的字母中隐藏着6个英文单词，它们分别是MONEY（钱）、BUY（购买）、MATHEMATICS（数学）、COIN（硬币）、SCALE（秤）和PAY（支付），小朋友们能把它们全部找出来吗？小提示：可以横向寻找，也可以斜向寻找。

```
Y G S B I W M Y E D
I N R B U Y W G U U
O M E X O D Y N H Q
L B A Z K E I J A T
K M E T N R R Q N D W T W A
P B B I H E X S C A L E F W
Z G S Q N E U B E N W O V L
P A Y V L K M O N E Y I F J
P X H G H P A A K X P Q G U
X F L L M L W U T G E L D Y
    E I F A F I D B S E
    Q N U F A E C O I N
    A X O B Y G N S K S
    D N A T S N E G E G
```

游戏和娱乐

并不是所有的发明和发现都有极大的技术价值，有些就是给人们带来快乐。如果没有它们，我们的生活也许有时会相当无聊。

足球

自古以来球类运动就非常受欢迎。我们的祖先用稻草、皮革或其他天然材料制成各种球，或用手投掷，或用脚踢。早在约5000年前，中国就出现了类似于足球的一种游戏。这项游戏最初是用来训练士兵的。后来才在希腊和罗马出现了早期的足球运动。通常英国被视为现代足球的发源地，1000多年前那里的人们就开始踢球了。

单词大转盘

左边的图中隐藏着足球术语"决赛"的英文单词，每一部分里都含有该单词的一个字母。首字母已经用红线圈出，请按照箭头指示的方向寻找。

滑雪

滑雪和跳台滑雪是源自斯堪的纳维亚地区的运动项目。但是最初人们并不是为了乐趣而滑雪的，而是将滑雪当作一种在大雪中如履平地的方法。他们将木板绑在鞋子下面，在银色的雪地中穿梭。世界上最古老的滑雪板是在瑞典的一片沼泽中发现的：它长达110厘米，应该有超过4000年的历史了。

网球

最早的网球球拍实际上是几个无聊的法国人的手掌。他们为了打发时间发明了一种名为"Jeu de Paume"（法语，意思为手掌游戏）的游戏，这种游戏被视为网球运动的前身。那时起，人们就开始在场地中央拉起球网，并在球网两侧击球。公元1400年左右，人们开始使用我们今天所熟悉的球拍。

拼图

拼图对我们来说毫不陌生，这是一种由若干张小图块儿拼成一幅完整图片的游戏。拼图游戏是由一名印刷工人在1763年发明的。他将一幅英国地图粘在一块木板上，然后沿着各郡县的边缘精确地把地图切割成小块。玩家的任务就是，把它们重新拼成一幅完整的地图。

轮滑

1760年，比利时音乐家让·约瑟夫·梅林受邀参加英国皇室举办的节日舞会并要在舞会上演奏小提琴。为了给大家留下深刻的印象，他想了一个特别的主意：他在鞋子下面固定了滚轮，然后在大厅中滑着滚轮演奏小提琴。当梅林滑进大厅时，大家并没有感到特别惊讶，因为他径直向一面镜子冲过去了，但可惜的是他的滚轮上并没有安装制动装置。此后，梅林被很多人视为轮滑最早的发明者。内联溜冰鞋是梅林发明的轮滑的升级版。鞋子上的四个轮子不是像轮滑一样分为两排排列，而是排成一条直线。有了内联溜冰鞋，我们就可以做各种跳跃和花样动作了。如果想滑得更快些，还可以选择五轮的溜冰鞋。

积木谜题

奥斯卡喜欢搭积木。小朋友们能在图片上看见多少块方积木呢？看不见的又有多少块呢？

走迷宫

史蒂芬、莉莉和蒂姆想在互联网上学习一些关于地球的知识。他们有3个网址可以选择，哪一个是正确的呢？

猜谜游戏

　　从人类出现开始就有了猜谜游戏。在一个距今约4000年历史的纸草卷上，人们发现了最早的猜谜游戏。横纵格填字游戏最早出现在1913年，是由记者亚瑟·韦恩发明的。20世纪20年代起，欧洲各大报纸和杂志上也开始刊登横纵格填字游戏。

视频游戏

　　1972年，美国人诺兰·布什内尔发明了第一款视频游戏，并将其命名为"Pong"。这是一款乒乓球游戏：屏幕上两个球拍来回击打乒乓球。这款游戏大受电玩迷欢迎，也激发游戏研发者研发出更多其他游戏。

魔方

　　小朋友们对五颜六色的魔方一定不会陌生。魔方由54个小方块组成，我们可以通过转动变换它们的位置。初始状态下，魔方的各面都有单一的颜色。当我们转动魔方时，各面的单一颜色开始变化，这需要我们继续转动来恢复原貌。这听起来也许非常简单，真正操作起来却非常棘手。这种可以培养耐心的游戏是由匈牙利的建筑师厄尔诺·鲁比克发明的，他的初衷是想通过这些小方块儿来训练学生的空间思维。

自测考场

小朋友们，我们的发明与发现之旅已经告一段落了。你们掌握书中的知识了吗？不妨来自我检测一下吧！

1. 哥伦布发现了哪一个大洲？
   - ☐ 澳洲
   - ☐ 亚洲
   - ☐ 美洲

2. 环游世界的第一人是谁？
   - ☐ 费迪南德·麦哲伦
   - ☐ 詹姆斯·库克
   - ☐ 瓦斯科·达伽马

3. 我们使用的数字叫什么？
   - ☐ 印度数字
   - ☐ 罗马数字
   - ☐ 阿拉伯数字

4. 第一支疫苗是用来对抗什么病的？
   - ☐ 天花
   - ☐ 百日咳
   - ☐ 流感

5. 在马之前人们用什么动物拉车？
   - ☐ 骆驼
   - ☐ 牛
   - ☐ 大象

我问你答

1. 你觉得哪些发明和发现特别有趣？

_____

_____

_____

_____

2. 你觉得哪个发现最好？为什么？

_____

_____

_____

_____

3. 你觉得哪项发明最好？为什么？

_____

_____

_____

_____

4. 在本书中你学到什么新知识了吗？可以举个例子吗？

_____

_____

_____

_____

5. 你最想发明什么呢？

_____

_____

_____

_____

答案

第3页：

第5页： LIGHTNING AND THUNDER（闪电和雷鸣）

第9页：

第12页： GOOD TRIP（一路顺风）

第15页： 4-2-1-6-3-5

第16页：

第18页： C

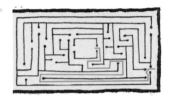

第24页： 40

第29页： 2号

第30页： C

第38页： 6-3-2-4-1-5

第40页： 9个

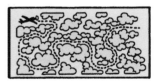

第45页： B

第48页： 1-G，2-D，3-E，4-C，5-A，6-F，7-H，8-B

第49页： 25+10-15+3=23

第51页：

go shopping（购物），

go swimming（游泳），

do homework（做作业），

play football（踢足球），

watch TV（看电视），

read books（读书）

第52页： 电梯向上升

第57页： A和D

第58页： 1号

第61页： 3和12

第66页： 1-C，2-E，3-A，4-G

第68页： 1A和3B，2A和1B，3A和2B

第69页： 鸡蛋，因为它既不是水果也不是蔬菜。

第70页： 每只企鹅可以分到两条鱼，因为一共6只企鹅、12条鱼。

第77页：

SUGAR（糖），

CREAM（奶油），

WATER（水）

第80—81页：
灯、电熨斗、吸油烟机，电冰箱、收音机、闹钟、煤气灶、搅拌机、面包机、咖啡机、吸尘器、洗碗机、微波炉、洗衣机、干燥机

第84页：

第87页：
1-AMBULANCE（救护车），
2-NURSE（护士），

3-WHEELCHAIR（轮椅），
4-OPERATION（手术），
5-FLOWER（花），
6-VISITOR（来访者），
7-DOCTOR（医生），
8-BED（床）

第89页： 听诊器
第93页： C
第94—95页： A和D，B和H，C和F，E和G
第97页： 2欧元
第98页：
$0.1 \times 5 + 0.74 \times 20 + 0.60 \times 40 + 1.44 \times 5 = 46.50$

第101页：

第102页： FINAL
第105页： 能看见的有16块，看不见的有5块。
第106页： B
第108页： 1-美洲，
2-费迪南德·麦哲伦，
3-阿拉伯数字，
4-天花，5-牛

图片来源

感谢Dieter Hermenau、Domenik Mader、Manfred Tophoven、Marcin Bruchnalski、Susanne von Poblotzki、Stefanie Schuler、DEIKE PRESS、Silvio Droigk、Josef Prchal、Herbert Pohle、Dieter Stadler、Antina Deike-Muenstermann、Wolfgang Deike、Michael Busch、Britta van Hoorn、Stefan Hollich、Wolfgang Huelk、Christian von Dreger、Claudia Zimmer、Kerstin Migendt为本书提供图片。

北京市版权局著作合同登记　图字 01-2011-5048号

图书在版编目（CIP）数据

聪明孩子提前学：发明与发现 /（德）克里斯汀（Kristin, A.）
编著；贾小屿译. — 北京：中国铁道出版社，2013.10
　　ISBN 978-7-113-17375-3

　　Ⅰ.①聪… Ⅱ.①克… ②贾… Ⅲ.①创造发明—世界—
少儿读物 Ⅳ.①N19-49

中国版本图书馆CIP数据核字（2013）第233151号

Published in its Original Edition with the title
Erfindungen und Entdeckungen: Clevere Kids. Lernen und Wissen für Kinder
by Schwager und Steinlein Verlagsgesellschaft mbH
Copyright © Schwager und Steinlein Verlagsgesellschaft mbH
This edition arranged by Himmer Winco
© for the Chinese edition: China Railway Publishing House

Himmer Winco

本书中文简体字版由北京 永 固 奥 码 文化传媒有限公司独家授权，全书文、图局部或全
部，未经同意不得转载或翻印。

书　　名：聪明孩子提前学：发明与发现
作　　者：〔德〕安娜·克里斯汀 编著
译　　者：贾小屿

策　　划：孟　萧
责任编辑：尹　倩　　　　　编辑部电话：010-51873697
封面设计：蓝伽国际
责任印制：郭向伟

出版发行：中国铁道出版社（100054，北京市西城区右安门西街8号）
网　　址：http://www.tdpress.com
印　　刷：北京铭成印刷有限公司
版　　次：2013年10月第1版　　2013年10月第1次印刷
开　　本：700mm×1000mm　　1/16　　印张：7　　字数：120千
书　　号：ISBN 978-7-113-17375-3
定　　价：19.80元

版权所有　侵权必究
凡购买铁道版图书，如有印制质量问题，请与本社读者服务部联系调换。
电话：（010）51873170（发行部）
打击盗版举报电话：市电（010）63549504，路电（021）73187